Atención de la matrona en los estados hipertensivos del embarazo

Marta Gómez Liz

Beatriz Efigenia Fajardo Hervás

Maria Beatriz Parrado Soto

Aroa Vaello Robledo

Patricia María Villa Gómez

©Marta Gómez Liz. 2012

1ª edición septiembre de 2012

ISBN: 978-1-291-00561-5

Impreso en España / Printed in Spain

Publicado por Lulu

A nuestras maestras matronas que nos enseñaron a amar esta profesión.

Índice

Introducción

La incidencia de la hipertensión en el embarazo varía del rango del 1 al 10%, siendo en España del 1,2%. Su importancia radica en que constituyen la primera causa de morbimortalidad materno-fetal, siendo responsable de 150 muertes maternas y 3000 fetales al año a nivel mundial.

Es, por tanto, de vital importancia que la matrona sepa reconocer esta situación y qué intervenciones debe realizar en cada caso concreto.

Este libro pretende ser una manual de consulta para resolver dudas derivadas de la práctica diaria, guiando la actuación de la matrona tanto a nivel de atención primaria como hospitalaria, procurando que las pacientes reciban la mejor atención posible. El primer capítulo es un breve repaso de las definiciones y terminología que se va a emplear a lo largo del libro para, a partir del segundo capítulo, sumergirnos plenamente en explicar que intervenciones debe desarrollar la matrona en cada caso concreto. No se tratan en este libro cuestiones como la etiología de la enfermedad o su fisiopatología, entendiendo que tales cuestiones están perfectamente reflejadas en numerosa bibliografía de prestigio. Lo que se pretende es dar un nuevo enfoque: toda la información proporcionada está destinada a la práctica clínica.

Capitulo 1

Conceptos y clasificación

Vamos a empezar definiendo dos conceptos que forman la base del diagnóstico de los estados hipertensivos del embarazo (EHE):

- **Hipertensión en el embarazo.** Para poder diagnosticar una hipertensión en el embarazo es necesario realizar dos o más tomas de tensión arterial (TA)con un intervalo de al menos por 6 horas entre ellas, obteniendo una presión arterial (PA) sistólica $\geq$ 140 mmHg y/o una PA diastólica $\geq$ 90 mmHg.

- **Proteinuria en el embarazo.** La proteinuria se define como la presencia de $\geq$ 300 mg de proteínas en orina de 24 h. Este hallazgo se suele correlacionar, en ausencia de infección urinaria, con $\geq$ 30 mg/dl en una muestra aleatoria de orina (1+ en tira reactiva).
Sin embargo, se recomienda que el diagnóstico se base en la determinación en orina de 24 horas.

A partir de aquí y, en función del momento de aparición, podemos distinguir los siguientes tipos de EHE:

1. Hipertensión crónica

Se define como una hipertensión presente antes del inicio del embarazo o que se diagnostica antes de la semana 20 de gestación. La hipertensión diagnosticada después de la semana 20, pero que persiste a las 12 semanas tras el parto, se clasifica también como hipertensión crónica.

2. Preeclampsia-eclampsia

Se define como una hipertensión que aparece después de las 20 semanas de gestación y se acompaña de proteinuria. Excepcionalmente en casos de hídrops o enfermedad trofoblástica gestacional, la hipertensión puede aparecer antes de las 20 semanas.

Se considera preeclampsia grave cuando existe una PA sistólica ≥ 160 mmHg y/o una PA diastólica ≥ 110 mmHg con proteinuria, o si existe hipertensión asociada a proteinuria grave (≥ 2 g en orina de 24 horas).

También se catalogará de preeclampsia grave cualquier hipertensión que se acompañe de algún signo o síntoma de afectación multiorgánica. (Tabla 1)

La eclampsia es la aparición, en una gestante con preeclampsia, de convulsiones tipo gran mal no atribuibles a otras causas (accidentes cerebrovasculares, enfermedades hipertensivas, lesiones del sistema nervioso central ocupantes de espacio, enfermedades infecciosas o enfermedades metabólicas).

3. Preeclampsia sobreañadida a hipertensión crónica

La preeclampsia sobreañadida a una hipertensión crónica comporta un empeoramiento del pronóstico materno-fetal. El diagnóstico es difícil y se deberá sospechar siempre ante la aparición de uno o más de los signos o síntomas de afectación multiorgánica descritos antes en la preeclampsia. En gestantes con enfermedad renal crónica, el diagnóstico se realizará ante un incremento brusco de la hipertensión y de la proteinuria.

4. Hipertensión gestacional

Se define como la aparición de hipertensión sin proteinuria después de las 20 semanas de gestación.
Dentro de este grupo se incluyen un grupo heterogéneo de procesos cuyo diagnóstico se realizará, en la mayoría de ellos, de forma retrospectiva.

Así, una hipertensión gestacional puede corresponder a:

• Una preeclampsia en fase precoz en la que aún no haya aparecido la proteinuria.

• Una hipertensión transitoria en los casos en que sólo exista hipertensión que desaparezca dentro de las 12 semanas posparto.

• Una hipertensión crónica si persiste más allá de las 12 semanas posparto.

Tabla 1.

Signos de afectación multiorgánica:
Oliguria ≤ 500 ml en 24 h
Creatinina sérica > 1,2 mg/dl
Alteraciones cerebrales o visuales (hiperreflexia con clonus, cefalea intensa, escotomas, visión borrosa, amaurosis)
Edema de pulmón o cianosis
Dolor epigástrico o en hipocondrio derecho
Alteración de las pruebas funcionales hepáticas
Alteraciones hematológicas: trombocitopenia (< 100.000 µl),
CID, hemólisis
Afectación placentaria con manifestaciones fetales (CIR)

Hipertensión inducida gestacional(HIG)	TA diastólica ≥ a 90 mmHg y/o TA sistólica ≥ 140 mm Hg en 2 ocasiones separadas al menos por 6 horas de diferencia
Hipertensión gestacional (HG)	Criterios de HIG y proteinuria en orina de 24h <300 mg/L.
Preeclampsia leve	Criterios de HIG y proteinuria mayor a 300 mg/L en 24 horas, o en su defecto 2 + de proteínas en tiras reactivas en dos mediciones repetidas (en 4 horas de diferencia)
Preeclampsia grave	Preeclampsia con uno o más de los siguientes criterios • TA > 160/110 mmHg • Proteinuria ≥ 2g/24h • Plaquetas < 100.000/L • Transaminasas elevadas • Hemolisis • Dolor epigástrico • Clínica neurológica: cefelea, fotopsias
Eclampsia	Aparición de convulsiones o coma en una paciente con criterios de HIG

Tabla 2

Bibliografía

1. Sánchez-Iglesias JL, Izquierdo Gonzalez F, Llurba E. Estados hipertensivos del embarazo. Concepto clasificación estudio de las diferentes formas. En: Bajo arenas JM, Melchor Marcos JC, Mercé LT. Fundamentos de Obstetricia (SEGO) 1ra Ed. Madrid: Grupo ENE Publicidad, S.A; 2007.p. 525-531

2. SteppGilbert E, Smith Harmon J. Enfermedades por hipertensión arterial. En: Manual de embarazo y parto de alto riesgo. Madrid: Ed. Mosby. 2003. p481-528.

3. National high blood pressure education program working group. Report on high blood pressure in pregnancy. Am J. Obstret Gynecol. 183; s1, 2000.

4. RCOG. The management of severe pre-eclapsia/eclampsia. Guideline nº 10(A), March 2006. p. 1-11.

5. Protocolo SEGO: "Trastornos hipertensivos del embarazo". *Prog Obstet Ginecol. 2007; 50(7):446-55*

Capitulo 2

Prevención de los estados hipertensivos del embarazo y promoción de un embarazo saludable

Promoción de la salud

Es el proceso que permite a las personas incrementar el control sobre su salud para mejorarla[1]. Durante el embarazo, existen una serie de principios generales de promoción de salud que la gestante debería seguir y que pueden ser promocionados por la matrona desde atención primaria.

Estos principios, aplicables a cualquier embarazada son:

- Nutrición
- Reposo adecuado
- Hidroterapia

1. Nutrición:

Toda embarazada debe ser informada de una dieta nutritiva y equilibrada que contenga:

- 60-70 g proteínas[2]
- 1200 mg Ca, Mg, Zn, NACl, vitaminas y minerales[3-4]
- 6-8 vasos de agua o líquido al día

Estas recomendaciones deberán darse en el primer trimestre de embarazo y ser reforzadas a lo largo de todo el embarazo.

2. Reposo adecuado:

En cama facilita el retorno venoso, que aumenta el volumen circulatorio y, por tanto, perfusión renal (que promueve la diuresis)[5] y placentaria, disminuyendo la PA. Además moviliza el edema hacia espacio intravascular.[6]

Recomendaremos por tanto realizar reposo durante 8-12 h de sueño en la noche, siendo conveniente un período de descanso a mitad del día, sobre todo en aquellas gestantes con factores de riesgo.

3. Hidroterapia:

Se ha comprobado que en presencia de edema importante, la inmersión en agua hasta los hombros puede movilizar el líquido extravascular, desencadenar la diuresis y disminuir la concentración de renina, angiotensina, aldosterona y vasopresina. [7-8-9]Las clases de natación para embarazadas son un ejercicio ideal.

Prevención primaria

Incluye cualquier acción orientada a evitar la aparición de estados hipertensivos en el embarazo, mediante el control de agentes causales y factores de riesgo.

La detección precoz posibilita un tratamiento precoz y adecuado, el cual disminuye la mortalidad fetal y materna asociada a la enfermedad[10]. Se procurará que la captación de la gestante se realice antes de la semana 12 de gestación, y llevar a cabo en cada visita las actuaciones recogidas en los protocolos. De esta manera se conseguirá prevenir formas graves de pre-eclampsia.

A pesar de que la causa de la enfermedad se desconoce, sí existen factores de riesgo asociados[9], como los que se detallan en la tabla 1.

4. Tratamiento prenatal precoz:

Si existe visita pre-concepcional, pueden llevarse consejo anti-tabáquico y recomendación de pérdida de peso antes de la gestación si IMC > 29.[11]

A partir de la 1º visita prenatal (8-12 SG) se llevaran a cabo las siguientes acciones[12]:

- Hº clínica completa(documento salud embarazada):
  - Edad
  - gestaciones previas
  - AP como DM, alteraciones de TA
  - AF de eclampsia o pre-ecalmpsia

- Solicitar analítica: uricemia

19

- Realizar educación maternal: medidas higienico-dietéticas

Y en cada visita siguiente:

- Peso
- TA
- Recomendaciones
- Baremo de riesgo
- Registro en documento de salud

Cada trimestre se realizará una analítica y en el último trimestre se llevara a cabo la educación materna, donde se continuarán reforzando hábitos higienico-dietéticos y se enseñaran ejercicios circulatorios y de tonificación, así como de relajación y estiramiento.

En cada consulta será necesario la **toma correcta de la TA** y para ello se deben seguir las siguientes recomendaciones [13]:

Tomar la TA con la gestante sentada, con los pies apoyados y el brazo a la altura del corazón, tras 10 min de reposo.

En la primera visita se tomará la TA en los 2 brazos; posteriormente, si las TA son parecidas, se tomará siempre en el derecho. Si la diferencia de TA entre los dos brazos es significativa, se deberá iniciar un estudio de la posible causa.

Usar de forma preferencial esfigmomanómetros de mercurio, con manguito de tamaño adecuado (la parte inflable del manguito debe actuar sobre el 80% de la circunferencia del brazo).

Para iniciar la lectura, el manguito se deberá inflar por lo menos 20 mmHg por encima de la TA sistólica; posteriormente se desinflará de forma lenta, a razón de 2 mmHg por segundo Para la determinación de la TA diastólica se utilizará el V ruido de Korotkoff (desaparición del ruido). Si el V ruido no está presente, se registrará el IV ruido (atenuación del ruido).

Los instrumentos automáticos para la toma de la TA deben utilizarse con precaución ya que pueden dar lecturas erróneas (más bajas, sobre todo la TA sistólica)[14]

Factores de riesgo de estados hipertensivos del embarazo
Nuliparidad
Obesidad
Antecedentes familiares de preeclampsia-eclampsia
Preeclampsia en una gestación previa
Hipertensión crónica
Enfermedad renal crónica
Diabetes mellitus pregestacional
Gestación múltiple
Presencia de trombofilias

Tabla 1.

Prevención secundaria

Va encaminada a la detección de la enfermedad en fases precoces, cuando todavía no se ha manifestado clínicamente.

Ninguna prueba diagnóstica ha demostrado ser útil en la población global[8]. Sin embargo, las gestantes con factores de riesgo deben ser derivadas a la consulta de alto riesgo obstétrico para realizar una vigilancia más estricta en estas gestantes.

5. AAS a dosis bajas:[9]

Se ha comprobado que en gestantes con FR la administración de 100 mg/noche a partir de la semana 12 de gestación y hasta el final del embarazo podría disminuir un 14% la incidencia de preeclampsia y un 21% la tasa de mortalidad perinatal.[13] Esto es debido a que la aspirina inhibe de forma selectiva la producción de tromboxano con un efecto minimo sobre la síntesis de prostaciclina. Por tanto restablece el equilibrio entre la síntesis de prostaciclina y tromboxano.

6. HBPM

Presentar algún tipo de trombofilia congénita o adquirida representa un factor de riesgo para la aparición de pre-eclampsia en el embarazo, por lo que estaría justificado el uso de Heparina de bajo Peso Molecular durante la gestación. Así mismo, está recomendado el estudio de trombofilia en aquellas pacientes con antecedente de pre-eclampsia y/o RCIU en gestaciones anteriores y realizar tratamiento Con HBPM si fuera necesario.[11]

Bibliografía

1. Organización Mundial de la Salud. Carta de Ottawa para el Fomento de la Salud. Primera Conferencia Internacional sobre Fomento de la Salud, Ottawa, Canadá, 17-21 de noviembre de 1986. Documento electrónico disponible en:

   http://www.who.int/hpr/NPH/docs/ottawa_charter_h p.pdf

2. Zuspan F Dealing with chronic hypertension, Contemp Ob/Gyn 37(1):31, 1991.

3. Chappell L and others: Effect of antioxidants on the ocurrence of pre-eclampsia in women at increased risk: a randomized trial, Lancet 352:777, 1998.

4. Roberts J, Hubel C: Is oxiodative stress the link in the two-stage model of pre-eclampsia? Lancet 345:788, 1999.

5. Decker G: Prevention of preeclampsia. In Sabai B: Hypertensive disorders in women, Philadelphia, 2001, WB Saunders.

6. Zuspan F: Chronic hypertension. In Queenan J, Hobbins J: Protocols for high-risk pregnancies, ed 3, Cambridge, Engl, 1999, Blackwell Science.

7. Cammu h: to bathe or not to bathe during the first stage of labour. Acta Obstet Gynecol Scan 73:468, 1994.

8. Katz V and others: A comparaison of bed rest and inmersion for treating the edema of pregnancy, Obstet gynecol 75:147, 1990.

9. Young G, Jewell D: Interventions for varicosities and leg edema in pregnancy (Crochane review). In the Cochrane library, Issue 3, Oxford, 2001, Update software.

10. Mackay and others : Pregnancy-related mortality from preeclampsia and eclampsia, Obstet gynecol 97:533, 2001

11. Sánchez Iglesias JL, Izquierdo Gonzalez F, Llurba E. PREVENCIÓN Y TRATAMIENTO DE LOS EHE. P 525-531 En: Bajo arenas JM, Melchor Marcos JC, Mercé LT. Fundamentos de Obstetricia (SEGO) 1ra Ed. Madrid: Grupo ENE Publicidad, S.A; 2007.p. 525-531

12. Embarazo, parto y puerperio: proceso asistencial integrado. -- 2ª ed. -- [Sevilla]. Consejería de Salud, [2005]

13. Protocolo SEGO: "trastornos hipertensivos del embarazo". *Prog Obstet Ginecol. 2007; 50(7):446-55*

25

14. Green L, Froman R: Blood pressure measurement during pregnancy: auscultatory versus oscillatory methods, J obstet Gynecol Neonatal Nurs 25: 155, 1996.

Capitulo 3

Cuidados generales de la matrona al ingreso

Estudio y catalogación

No todos los estados hipertensivos del embarazo precisan ser ingresados, a lo largo de los distintos capítulos iremos viendo cuales son los criterios para proceder al ingreso. En cualquier caso, ante el diagnóstico de preeclampsia, la actitud será la de ingreso hospitalario de la paciente para su estudio y catalogación, para ello se le realizará:

- *Estudio analítico,* donde se solicitará: hemograma, ionograma, función hepática, coagulación, sedimento orina, urocultivo y proteinuria de 24 horas.[1-2]

- *Monitorización fetal,* consistente en RCTG, perfil biofísico, ecografía, doppler umbilical, fetal y uterino y amniocentesis.[1-2]

Las actuaciones de la matrona en este caso serán:
- Análisis de laboratorio a pie de cama

- Interpretación de datos de laboratorio

- Colaboración con el médico en la realización de pruebas.

- Monitorización fetal electrónica

Reposo relativo

El reposo prolongado puede provocar fatiga y debilitamiento muscular. Además, sumada a la preocupación de la gestante por el futuro, puede derivar en ansiedad y otros trastornos del ánimo. La matrona puede guiar a la gestante en la realización de una serie de ejercicios para mantener el tono muscular, mejorando la circulación y facilitando la relajación, disminuyendo también la ansiedad que supone el ingreso hospitalario. Puede instruirla sobre cómo moverse en la cama sin forzar los músculos abdominales y sin dañarse la espalda. También puede instruir a la gestante en la realización de ejercicios de suelo pélvico, de respiración y de relajación; ya que no debemos olvidar que estas mujeres se desvinculan de la atención proporcionada por la matrona de primaria, careciendo de sus cuidados. Como vemos la matrona tiene un gran papel en la realización de cuidados a la gestante que se encuentra en reposo. Podemos resumir estos cuidados en:

- Una terapia de ejercicios que, tras explicarle como realizarlos, se le pueden facilitar por escrito para que aprenda a hacerlo sola.

- Realizar promoción de actividades recreativas durante un embarazo de alto riesgo, como puede ser ofrecer clases de preparación al parto mediante video, televisión o clases en grupo a las que la paciente pueda acudir recostada.

A continuación, detallamos la **terapia de ejercicios:**

Los objetivos del programa de ejercicios serán:

- Tonificar los músculos y minimizar la debilidad, la rigidez y la tensión muscular que ocurren durante períodos prolongados de reposo en cama.

- Ayuda a evitar problemas circulatorios (TVP) y aumenta el flujo sanguíneo al útero y al feto.

- Conserva energía durante el día.

- Mantiene un buen ritmo respiratorio y reduce el estrés y la ansiedad que ocurren con un prolongado período de restricción de la actividad.

- Mejora la información sensorial por medio se las articulaciones y los músculos.

- Mejora la postura durante el reposo en cama y al levantarse.

- Ayuda a aliviar el aburrimiento

- Acelera la recuperación después del parto.

La gestante debe aprender a realizar la rutina de ejercicios. Debe realizarlos 2 ó 3 veces al día, haciendo de 5 a 10 repeticiones de cada ejercicio, evitando los esfuerzos y sin contener la respiración. Se le explicará que debe avisar a la matrona ante cualquier contracción uterina, sangrado o pérdida de flujo amniótico. Debe realizarlos lentamente, haciendo movimientos suaves y simples; vigilando la respuesta de su cuerpo, y sin utilizar excesivamente los músculos abdominales. En las páginas siguientes se muestra una tabla que podemos facilitar a la gestante para que realice esa rutina diaria.

Tabla de ejercicios[3]

❖ Ejercicios para tonificar los músculos:

Brazos

- Encoja la barbilla y empuje su nuca contra la almohada.

- Estire los brazos hacia abajo, uno cada vez.

- Apriete y afloje los puños.

- Flexione y enderece los codos.

- Forme una gran X en el aire con un brazo y después con el otro.

- Haga círculos de brazos haciendo movimientos de natación de espaldas con el brazo que está arriba.

Piernas

Realícelos acostada de lado, un lado cada vez.

- Flexione la pierna a la altura de la cadera y a la altura de la rodilla. Mantenga el talón plano sobre la cama. Deslice el talón hacia los glúteos. Luego enderece la pierna. Haga este ejercicio lentamente y sin rebotar.

- Flexione la pierna a la altura de la cadera y de la rodilla. Mantenga el talón plano sobre la cama. Deslice el pie hacia un lado y luego hacia el medio.

- Mantenga la pierna derecha estirada. Flexione la pierna izquierda para que su talón esté plano sobre la cama. Coloque el talón izquierdo encima del tobillo derecho. Deslice el pie izquierdo hacia arriba por la pierna derecha hasta que llegue a la rodilla. Luego deslícelo hacia abajo hasta el tobillo derecho.

- Con las piernas estiradas sobre la cama, haga girar las rodillas hacia adentro y hacia afuera.

- Bombeo con los tobillos: Mueva sus pies de arriaba abajo, de 15 a 20 veces cada 2 horas.

- Para los cuádriceps: acuéstese de espaldas con las piernas estiradas y los dedos de los pies apuntando hacia el techo. Tense los músculos de los muslos, haciendo subir la rótula hacia su cintura. Mantenga la posición durante 5 segundos y aflójela.

- Sentada: flexione la rodilla y enderécela.

- Círculos con los pies en una dirección y luego en la otra.

- Para los cuádriceps: acuéstese de espaldas con las piernas estiradas y los dedos de los pies apuntando hacia el techo. Tense los músculos de los muslos, haciendo subir la rótula hacia su cintura. Mantenga la posición durante 5 segundos y aflójela.

- Sentada: flexione la rodilla y enderécela.

❖ Medidas de comodidad durante el reposo en cama

- Use almohadas y los controles eléctricos de la cama para reducir esfuerzos y estiramientos excesivos de los músculos. Sea consciente de su posición.

- Evite posiciones que puedan causar estiramientos excesivos y el esfuerzo de los músculos y los ligamentos.

- Sea cual sea la posición, mantenga la espalda lo más recta posible.

- Para estar más cómoda acostada de espaldas, coloque una pequeña toalla en la zona lumbar.

- La mejor posición es acostarse de lado izquierdo, de esta manera fluye más sangre al útero.

❖ Actividades de respiración profunda y relajación.

- Acostada sobre un lado o de espaldas, con las rodillas flexionadas, deje que una mano descanse sobre el estómago. Respire profundamente por la nariz de manera que su estómago empuje la mano hacia arriba. Respire lentamente con la boca.

- Suspire largamente o bostece.

- Cierre los ojos. Comenzando por los dedos del pie

vaya relajando cada parte de su cuerpo a medida que va subiendo por el cuerpo-. Dedos del pie, pie entero, pierna, muslo…Imagínese que se está derritiendo. Disfrute la sensación de calma. Es importante relajar la mandíbula, los párpados.

- Pida un masaje relajante a su acompañante.

❖   Ejercicios de suelo pélvico:[4-5-6-7]

Principiantes

• Vaciar la vejiga.

• Contraer los músculos de la vagina durante tres segundos y relajar. Repetir 10 veces.

• Contraer y relajar lo más rápido que se pueda. Repetir 25 veces.

• Imaginar que se sujeta algo con la vagina, mantener esta posición durante 3 segundos y relajar.10 veces.

• Imaginar que se lanza un objeto con la vagina, mantener la posición 3 segundos y relajar. 10 veces.

• Imaginar que se acaricia un objeto con la vagina. Mantener la posición durante 3 segundos y relajar. 10 veces.

• Estos ejercicios hay que realizarlos tres veces al día.

Iniciadas

• Tumbarse en el suelo con las rodillas dobladas y las plantas de los pies cara a cara.

- Mantener los músculos del estómago y de la vagina en posición relajada.

- Imaginar mentalmente las paredes interiores de la vagina e intentar acercarlas contrayendo los músculos (no se debe contraer estómago ni glúteos). Seguid dos veces más.

- Contraer lentamente contando hasta diez.

- Mantener los músculos contraídos con la vagina cerrada contando hasta veinte.

- Relajar contando hasta diez y volver a empezar.

- El ejercicio debe hacerse durante diez minutos

Asesoramiento nutricional: dieta normo-calórica, normo-sódica, normo-proteica.

La matrona debe realizar un asesoramiento nutricional y comprobar que éste se ha asimilado correctamente por si llegase el momento del alta hospitalaria, que la gestante sea capaz de continuarlo correctamente en casa.

En principio, la mayor parte de las recomendaciones sobre la selección de los alimentos por parte de la mujer embarazada son aplicables al conjunto de la sociedad.

Unas pautas generales serían[8]:

1. Disminuir el porcentaje de energía aportada en forma de lípidos.

2. Disminuir la contribución de las grasas saturadas.

3. Disminuir el aporte de colesterol dietético.

4. Disminuir el aporte de hidratos de carbono de rápida utilización.

5. Aumentar la densidad de micronutrientes (vitaminas y minerales).

Se le recomendará realizar 5 ingestas: desayuno (20%), almuerzo (10%), comida (30%), merienda (10%) y cena (30%).

En conjunto el incremento energético que se precisa es de 200 kcal/día. Es preferible obtener esta energía de cereales, leche y derivados (excepto quesos curados) y de frutas y verduras.

En las tablas 2 y 3 se muestran las cantidades diarias recomendadas para la gestante.[9]

Tabla 2

Grupos	Mujer adulta	Embarazo	Mujer lactante	Principales alimentos
Farináceos	3-6	4-5	4-5	Pan, pasta, arroz, legumbres, cereales, cereales integrales, patatas.
Verduras y Hortalizas	2-3	2-4	2-4	Gran variedad según el mercado. Incluir ensaladas variadas.
Frutas	2	2-3	2-3	Gran variedad según estaciones.
Lácteos	2	3-4	4-6	Leche, yogur y quesos.
Alimentos proteicos	1 – 2	2	2	Carnes, aves, pescados,

				huevos. Legumbres y frutos secos.
Grasas de adición	*3-6*	*3-6*	*3-6*	*Preferentemente aceite de oliva y/o de semillas.*
Agua, Infusiones, bebidas sin alcohol	*4-8 vasos*	*4-8 vasos*	*4-8 vasos*	*Agua de red, minerales, infusiones y bebidas con poco azúcar y sin alcohol.*

¿Cuántos gramos son cada ración de alimentos?
(Tabla 3)

Farináceos *Pan integral 60 g*
Arroz o pasta (crudo) *60-80 g*
Patatas *200g*
Legumbres (crudo) *60-80 g*
Verduras y Hortalizas *250 g*
Frutas *200 g*
Lácteos
Leche o Yogur fresco 200 ml
Requesón quesos frescos 60-100 g
Quesos semicurados 30-40 g
Alimentos proteicos
Carnes 100-125 g
Pescados 150 g
Jamón cocido 80-100 g
Huevos 1 unidad (50-60 g)
Pollo (1,4 Kg) 1/4 de pollo
Grasas de adición
Aceite de olivavirgen 10 ml/ración=1 cucharada sopera

Plano psicológico[10]

La matrona puede, así mismo, realizar distintas intervenciones para aliviar el temor y facilitar el enfrentamiento con la situación de un embarazo de alto riesgo. Detallamos algunas:

• Ofrecer tiempo para que la paciente y su familia expresen sus preocupaciones sobre la posible evolución del recién nacido y para discutir los inconvenientes del tratamiento para la madre y familia. Animarles a expresar cualquier aprensión, incertidumbre, temor, enfado y preocupación que puedan estar experimentando. Hablar puede ayudarles a identificar, analizar y comprender los sucesos que causan el temor. Iniciar la conversación con una madre puede verse facilitada por frases como: "Muchas mujeres en su situación sienten..."

• Animar al padre a verbalizar su temor y ansiedad de forma positiva en lugar de guardárselo para sí mismo. Las parejas que no reciben ayuda juntas podrían aumentar el temor y la ansiedad del otro.

• Ayudar a los padres a exponer sus sentimientos a los otros niños de la familia de forma que los hermanos puedan entender por qué están agobiados sus padres. Permitir a los niños que expresen cualquier sentimiento de culpabilidad que puedan estar experimentando. Si en algún momento desearon que el feto se vaya, asegurarles que ellos no han causado su situación y que sus padres les siguen queriendo.

• Mantener la paciente informada sobre su estado de salud, los resultados de las pruebas y el bienestar fetal.
• Animar a realizar ejercicios físicos en la cama.

•   Ayudar a la familia a obtener apoyo social necesario/derivar a un grupo de apoyo de la comunidad.

•   Derivar a una enfermera especialista en neonatología, neonatólogo, consejero, trabajador social, cura, siempre que lo desee.

•   Explicar los términos que los profesionales sanitarios emplean cuando hablan con la familia.

•   Aclara los conceptos equivocados. Explicar las causas de la situación, si estas son desconocidas y cualquier asociación o falta de esta con las actividades del paciente.

A menudo, las relaciones familiares se ven afectadas por el ingreso hospitalario. Es una situación difícil de afrontar que requiere muchos cambios: cambio de rol de gestante sana a enferma, de independiente a dependiente…y también para los que se encuentran a su alrededor: hijos, pareja… La matrona puede realizar las siguientes intervenciones para facilitar esta adaptación:

•   Animar a la familia que espera a expresar sus sentimientos y preocupaciones acerca del parto adelantado y la experiencia del parto

•   Explicar la situación de alto riesgo, todas las opciones del tratamiento y las razones de cada una

•   Valorar las responsabilidades del paciente para detectar las dificultades a las que se tendrá que enfrentar para cumplir el reposo en cama o la actividad limitada prescrita

•   Enseñar a la paciente, y a las personas referentes para ella, la importancia del reposo en cama o la actividad limitada para su situación de alto riesgo

•   Ayudar a la familia a resolver las dificultades para levar a cabo el reposo materno en cama o la actividad limitada

•   Realizar las derivaciones necesarias, como al trabajados social, si se identifican problemas concretos que la familia no puede afrontar

•   Ofrecer y favorecer tiempos de visita amplios y privados

•   Favorecer la cercanía de la pareja

•   Implicar a los miembros adecuados de la familia en la toma de decisiones

Bibliografía:

1. Protocolo SEGO: "trastornos hipertensivos del embarazo". *Prog Obstet Ginecol. 2007; 50(7):446-55.*

2. Sánchez Iglesias JL, Izquierdo Gonzalez F, Llurba E. Capítulo 63: PREVENCIÓN Y TRATAMIENTO DE LOS EHE. P 525-531 En: Bajo arenas JM, Melchor Marcos JC, Mercé LT. Fundamentos de Obstetricia (SEGO) 1ra Ed. Madrid: Grupo ENE Publicidad, S.A; 2007.p. 525-531

3. The Ohio State University Medical Center Department of Rehabilitation Services. Ejercicios para el embarazo durante el reposo en cama.

4. Holroyd-Leduc JM, Tannenbaum C, Thorpe KE, Straus SE. What type of urinary incontinence does this woman have? *JAMA.* 2008;299: 1446-1456.

5. Rogers RG. Clinical practice. Urinary stress incontinence in women. *N Engl J Med.* 2008;358:1029-1036.

6. Biblioteca Nacional de Medicina de EE.UU.: Institutos Nacionales de la Salud. Ejercicios de Kegel. Documento electrónico disponible en: *http://www.nlm.nih.gov/medlineplus/spanish/ency/article/003975.htm*

7. Wikipedia. Ejercicios de Kegel. Documento electrónico disponible en: http://es.wikipedia.org/wiki/Ejercicios_de_Kegel

8. Bescós E, Redondo T, González de Agüero R. NUTRICIÓN MATERNA DURANTE EL EMBARAZO. P 265-283. En: Bajo arenas JM, Melchor Marcos JC, Mercé LT. Fundamentos de Obstetricia (SEGO) 1ra Ed. Madrid: Grupo ENE Publicidad, S.A; 2007.p. 525-531

9. Verónica Dapcich. Gemma Salvador Castell, Lourdes Ribas Barba. Guía de la alimentación saludable. Editado por la sociedad española de nutrición comunitaria. Madrid 2004.Capitulo 7. Embarazo y lactancia. Necesidades especiales. P 78-85. Documento electrónico disponible en: http://www.aesan.msc.es/AESAN/docs/docs/come seguro_y_saludable/guia_alimentacion2.pdf

10. SteppGilbert E, Smith Harmon J. Adaptaciones psicológocas de un embarazo de alto riesgo. En: Manual de embarazo y parto de alto riesgo. Madrid: Ed. Mosby. 2003. P136-154.

Capítulo 4

Actuación de la matrona en la preeclampsia leve

Como ya dijimos en el capítulo 1, la preeclampsia leve es aquella hipertensión que aparece después de las 20 semanas de gestación y se acompaña de proteinuria, siendo esta menor de 2 gramos en orina de 24 horas.[1-2]

Control

En principio no es necesario el ingreso, por lo que los controles se realizarán de manera ambulatoria.[1-2] Algunos controles se realizaran diariamente y otros semanalmente.

Controles domiciliarios

La paciente puede ser instruida para la realización de los controles o acudir a la consulta para ser atendida por la matrona.

En cualquier caso, se le realizará:

- TA cada 12-24 horas según la severidad del caso.

- Proteinuria cualitativa cada 24 horas mediante tiras reactivas.

<u>Controles en consulta/hospital de día:</u>

Cada una o dos semanas se llevarán a cabo los siguientes controles:

- Exploración obstétrica
- TA
- Peso
- Orina de 24 horas. Este control debe hacerse con mayor asiduidad, una o dos veces en semana.
- RCTG
- Analítica
- Eco-doppler

Consideraciones especiales en las pruebas

A la hora de realizar las pruebas pertinentes para el control de la gestante, la matrona deberá tener en cuenta:

1. En la toma de la TA

- La presión arterial, principalmente la presión arterial diastólica, desciende ligeramente en el segundo trimestre de embarazo para gradualmente volver a su valor basal durante el tercer trimestre.[3]

- La presión arterial sistólica está sujeta a muchos cambios ligados con el volumen minuto cardíaco. En cambio, la presión arterial diastólica sufre mucho más la influencia de los cambios en las resistencias periféricas vasculares. Por tanto, la que tiene valor diagnóstico es la presión arterial diagnóstica.[4]

- Al tomar la presión arterial, el manguito debe cubrir aproximadamente el 80% del antebrazo. Medir siempre en el mismo brazo y con la paciente en la misma posición. Si la paciente está sentada, su brazo debe descansar sobre una mesa, a la altura del corazón. Si la paciente está echada, su costado izquierdo debe estar incorporado formando un ángulo de 30° y el manguito debe colocarse a la altura dl corazón.[5]

- Durante el embarazo el V ruido de Korotoff (desaparición del sonido) refleja de forma más precisa la presión intra-arterial[6]

2. Para evaluar la presencia de proteínas en orina, la matrona tendrá en cuenta:

- Las secreciones vaginales, sangre, líquido amniótico y bacterias pueden contaminar la muestra y dar una lectura falsamente positiva.[3]

- La muestra debe obtenerse por recogida de orina de la mitad de la micción o por sondaje para evitar la contaminación o presencia de secreciones vaginales.[3]

- La orina alcalina o muy concentrada (densidad>1030) pueden dar una lectura falsamente positiva.[7]

- La orina diluida (densidad<1010) puede dar una lectura falsamente negativa.[3]

3. En la valoración de analíticas:[8]

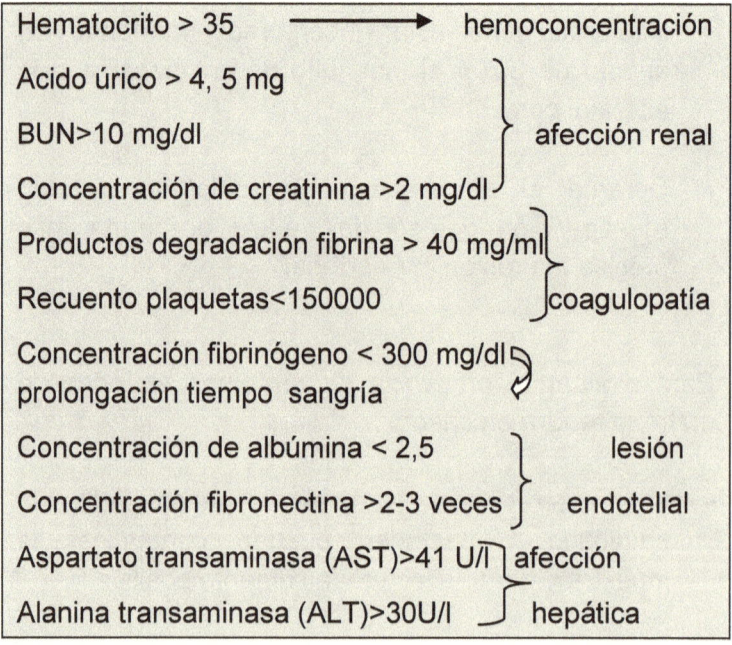

Hematocrito > 35 ⟶ hemoconcentración

Acido úrico > 4, 5 mg
BUN>10 mg/dl } afección renal
Concentración de creatinina >2 mg/dl

Productos degradación fibrina > 40 mg/ml
Recuento plaquetas<150000 } coagulopatía

Concentración fibrinógeno < 300 mg/dl
prolongación tiempo sangría

Concentración de albúmina < 2,5 } lesión
Concentración fibronectina >2-3 veces endotelial

Aspartato transaminasa (AST)>41 U/l } afección
Alanina transaminasa (ALT)>30U/l hepática

Educación para el control ambulatorio

Para que sea posible realizar el control de manera ambulatoria a la gestante con preeclampsia ligera, será necesario que la paciente sea colaboradora y siga el tratamiento en casa. Además, la matrona debe instruirla en los signos y síntomas indicativos de que la situación empeora, con orden de comunicarlos inmediatamente al médico.

Estos signos son:[3]

- Cefalea importante que no desaparece con paracetamol.

- Cambios visuales, visión borrosa, manchas.

- Dolor epigástrico o en hipocondrio derecho

- Aumento del edema, indicado por aumento del peso de más de 800 gramos por día o 2 kilos por semana.

- Hemorragia vaginal o cambios en el flujo vaginal

- Dolor abdominal agudo

- Emisión de líquido acuoso por la vagina

- Presión uterina

- Disminución de los movimientos fetales o menos de un movimiento por hora.

Tratamiento farmacológico

Se iniciará tratamiento farmacológico en cualquiera de los siguientes dos supuestos: [1-2]

- Persistencia de TAD>/=100 ó TAS>/=160

- Gran variabilidad circadiana de la TA

No se ha demostrado efecto beneficioso en los casos de hipertensión gestacional y preeclampsia leve, por lo que su uso no es necesario en todas las pacientes. Estaría indicado el tratamiento farmacológico ante la persistencia de una PA diastólica > 100 mm Hg. Por tanto, se evaluará cada caso concreto.

El tratamiento farmacológico antihipertensivo consistirá, en caso de ser necesario, en la administración oral de alguno de los siguientes hipotensores:

Labetalol

Bloqueador de los receptores alfa y beta-adrenérgicos, disminuyendo así las resistencias vasculares periféricas. El bloqueo de los receptores beta protege al músculo cardíaco de la vasodilatación.

Se administra con dosis de 100-200 mg/6-8h

La lentitud de administración viene dada por sus efectos adversos que pueden presentarse con facilidad y que comprenden: naúseas, vómitos, hipotensión ortostática, sudoración, mareo, cefalea, bradicardia y frialdad en las extremidades.[9-10]

Hidralacina

Produce dilatación vascular periférica por relajación de la musculatura lisa.

Dosis: 50mg/día repartidas en 3-4 tomas.

Si a las 48 horas no se ha normalizado la TA se puede aumentar hasta una dosis máxima de 200 mg/día.

Sus efectos colaterales incluyen taquicardia, mareo, sensación de lipotimia, cefalea, palpitaciones, paresteias y desorientación.

Metildopa

Bloqueador adrenérgico central que inhibe la producción de ciertas aminas biógenas, como la noradrenalina, en las terminaciones nerviosas biógenas.

Sus efectos secundarios son poco importantes: hipotensión postural, somnolencia, retención hídrica.

Dosis: 250-500 mg/8h.

Estos hipotensores tienen una acción vasodilatadora, reduciendo el espasmo vascular y aumentando el flujo uteroplacentario. De otra manera, la vasoconstricción más la reducción de la perfusión placentaria supone un grave riesgo fetal.[11]

Nifedipino

Es un bloqueador de los canales del calcio y ejerce una acción protectora al producir vasodilatación de las arterias coronarias, maximizando el flujo sanguíneo al músculo cardíaco y reduciendo las resistencias vasculares periféricas y, por ende, la poscarga cardíaca.

Se adminstra en dosis de 10 mg/12h hasta un máximo de 120 mg/dia.

La paciente puede experimentar mareo, sensación de pérdida de conocimiento, cefalea, rubefacción facial, sensación de calor, edema perférico y diferentes síntomas gastrointestinales.[10]

Contraindicados: Atenolol (por asociarse a CIR y alteraciones RCTG) e IECAS, que se asocian a pérdidas fetales, insuficiencia renal y malformaciones fetales[1-2]

En la tabla 4 se detallan los aspectos que la matrona debe considerar al administrarrestos hipotensores[12]

Ingreso

Se procederá al ingreso únicamente para confirmar el diagnóstico, si no se consigue estabilizar la tensión arterial de manera ambulatoria o si precisa finalizar la gestación.

Los cuidados de la matrona al ingreso serán los mencionados en el capítulo 3.

- Reposo relativo
- Dieta libre (normo-calórica, normo-sódica)
- Si se normaliza TA, no pautar medicación hipotensora y realizar controles semanales.
- Terapia de ejercicios
- Ejercicios de suelo pélvico
- Promoción de actividades recreativas durante un embarazo de alto riesgo
- Asesoramiento nutricional
- Intervenciones para aliviar el temor y facilitar el enfrentamiento con la situación de un embarazo de alto riesgo
- Intervenciones para favorecer los procesos familiares en un embarazo de alto riesgos

Finalización de la gestación:

Únicamente se procederá a la finalización de la gestación en los siguientes supuestos:[1-2]

- A las 34 SG.
- Se confirma madurez pulmonar fetal.
- Empeoramiento del estado materno o fetal.

Fármaco	Efectos secundarios	precauciones y consideraciones especiales en su administración
Labetalol	Molestias digestivas, hepatitis, retención urinaria.	Precaución en los pacientes con hepatopatías.
Hidralazina	Síndrome lupoide, hepatitis.	Pueden desencadenar una angina de pecho en pacientes con una enfermedad arterial coronaria. En ancianos con insuficiencia renal la hidralazina puede aumentar el riesgo de lupus eritematoso sistémico.
Metildopa	Bloqueo cardíaco. Trastornos hepáticos y de autoinmunidad. hta ortostática.	Puede causar lesión hepática, prueba de Coombs positiva. Se aconsejan recuentos sanguíneos y control hepático al inicio.
Nifedipino	Edema maleolar (más que con verapamilo y diltiazem), rubor, cefalea, hipertrofia gingival, mareos, taquicardia, erupciones.	Precaución en insuficiencia cardíaca. Se recomiendan los preparados de acción prolongada y no se aconseja el uso de dihidropiridinas de acción corta ya que estos parecen asociarse a un mayor riesgo de complicaciones cardiovasculares(IAM).

Bibliografía

1. Protocolo SEGO: "trastornos hipertensivos del embarazo". *Prog Obstet Ginecol. 2007; 50(7):446-55.*

2. Sánchez Iglesias JL, Izquierdo Gonzalez F, Llurba E. Capítulo 63: PREVENCIÓN Y TRATAMIENTO DE LOS EHE. P 525-531 <u>En</u>: Bajo arenas JM, Melchor Marcos JC, Mercé LT. Fundamentos de Obstetricia (SEGO) 1ra Ed. Madrid: Grupo ENE Publicidad, S.A; 2007.p. 525-531.

3. SteppGilbert E, Smith Harmon J. Enfermedades por hipertensión arterial. En: Manual de embarazo y parto de alto riesgo. Madrid: Ed. Mosby. 2003. p481-528

4. Foley M: hypertensive emergencies during pregnancy: a general overview. Presented at obstetrical Challenges of the New Millenium Phoenix, ariz, April 7, 2001.

5. Heart Lung and Blood Institute. National High Blood Pressure Education Program: Working Group Report on High Blood Pressure in Pregnancy. Bethesda (MD): National Heart, Lung and Blood Institute (NHLBI), julio de 2000.

6. Brown M and others: Randomized trail of management of hypertensive pregnancies by Korottkooff phase V, Lancet 352:777, 1998

7. Davey D, MacGillivray I: The classification and definition of the hypertensive disorders of pregnancy, Am J obstet Gynecol 158:892, 1988

8. Walker JJ. Preeclampsia. Lancet 2000; 356: 1.260-1.265.

9. Clewell W: Hypertensive emergencies in pregnancy. In Foley M, Strong T: Obstetric Intensive care: a practical manual. Philadelphia, 1997WB Saunders.

10. Wells B and others: Pharmacotherapy handbook, ed 2, Stamford, Conn, 2000, Appleton & Lange.

11. Sibai BM. Diagnosis and management of gestational hypertension and preeclampsia. Obstet Gynecol 2003; 102:181-92

12. Brunet India MT, Carnero Gonzalez M,Gónzalez García MM, Jordán Gil MI,Labara Sanjuan MA;Lorente Serrano MC. PROTOCOLO DE CUIDADOS DE ENFERMERÍA AL PACIENTE HIPERTENSO. Anexo III Efectos adversos de los fármacos antihipertensivos. Documento electrónico disponible en:
http://www.elgotero.com/Archivos%20zip/Protocolo%20de%20Cuidados%20de%20Enfermer%C3%ADa%20al%20Paciente%20Hipertenso.pdf

Capitulo 6

Actuación de la matrona ante la preeclampsia grave

Para considerarse una preeclampsia como grave, debe cumplir al menos uno de los siguientes requisitos[1-2]:

- PA sistólica ≥ 160 mmHg y/o una PA diastólica ≥ 110 mmHg con proteinuria, o

- Hipertensión asociada a proteinuria grave (≥ 2 g en orina de 24 horas), o

- cualquier hipertensión que se acompañe de algún signo o síntoma de afectación multiorgánica (Tabla 1)

Una vez diagnosticada la preeclampsia y catalogada como grave, procederemos a ingresar a la paciente para su valoración, control y tratamiento.

Valoración materna general al ingreso:

Comenzaremos por tomar la tensión arterial cada 5 min hasta estabilización. Posteriormente cada 30 min.[1-2] Preferiblemente la paciente se colocará en DLI con

59

manguito en brazo derecho. También será necesario proceder a realizar una exploración general, en la que se valoraran:

- Síntomas cerebrales (debidos a vasoespasmos intracraneales y edemas por disfunción endotelial)[3-4].

  - nivel de conciencia
  - presencia de focalidad neurológica
  - alteración de fondo de ojo
  - presencia de híperrreflexia

- Síntomas gastrointestinales (debidos a edema gastrointestinal, isquemia o edemas hepáticos, rotura o tensión de la cápsula hepática, vasospasmos en la arteria hepática)[4-5-6]:

  - Dolor epigástrico.
  - y/o en hipocondrio derecho
  - Naúseas
  - Malestar general

- Manifestaciones hemorrágicas (posible desarrollo de CID. El sistema de coagulación es activado debido a la lesión endotelial)[7]:

  - Presencia de petequias
  - Puntos sangrantes

- signos de edema pulmonar (puede producirse por la combinación de hipertensión grave y administración vigorosa de líquidos que desencadenen una insuficiencia cardíaca)[8]

- anomalías cardiovasculares, relacionadas con[8]:

  - aumento de la poscarga cardíaca causada por la hipertensión

  - precarga cardíaca afectada por hipervolemia patológicamente disminuida del embarazo o aumentada iatrogénicamente por administración de soluciones cristaloides u oncóticas.

  - Activación endotelial con extravasación al espacio endotelial.

- Grado de edema (Valorar de acuerdo a la Tabla 2)[9]

Signos de afectación multiorgánica:

Oliguria ≤ 500 ml en 24 h

Creatinina sérica > 1,2 mg/dl

Alteraciones cerebrales o visuales (hiperreflexia con clonus, cefalea intensa, escotomas, visión borrosa, amaurosis)

Edema de pulmón o cianosis

Dolor epigástrico o en hipocondrio derecho

Alteración de las pruebas funcionales hepáticas

Alteraciones hematológicas: trombocitopenia (< 100.000 μl), CID, hemólisis

Afectación placentaria con manifestaciones fetales (CIR)

Tabla 1

Hallazgos físicos	Puntuación
Mín. edema extremidades inferiores (EEII)	1
Marcado edema EEII	2
Edema EEII, cara, manos	3
Edema masivo generalizado, incluyendo abdomen y sacro.	4

Tabla 2

Control[1-2-10]

Dado que la evolución de la preeclampsia grave suele ser hacia la progresión de la enfermedad con el consecuente empeoramiento del estado materno-fetal, la actitud a partir de las 34 semanas será la de finalización de la gestación.[10] Si la paciente se encuentra entre las 24 y las 34 semanas de gestación, se procederá a un control exhaustivo durante su ingreso hospitalario que incluye lo siguiente:

1. Control de TA cada 5 minutos hasta estabilizar el cuadro y luego cada 30.. Proteinuria orina 24h

2. Estudio analítico

3. Colocación de sonda de Foley para control de diuresis horaria y balance hídrico cada 12h

4. Control de peso diario

5. Monitorización cardio-tocográfica fetal por encima de las 26-28 semanas al menos 2 veces al día

Además el ginecólogo realizará una ecografía obstétrica para valorar el crecimiento fetal, líquido amniótico y flujometría Doppler.

La monitorización de la presión venosa central se llevará a cabo en los casos de edema de pulmón, oliguria persistente, insuficiencia cardiaca, hipertensión severa refractaria.

Más adelante algunos controles se espaciarán en el tiempo, quedando de la siguiente manera:

- TA horaria

- Controlar la FCF cada 4-6 horas con doppler o con RCTG

- Cada 24 horas:

    - Peso, balance de líquidos, proteinuria cualitativa, movimientos fetales, prueba basal, hemograma, función renal, enzimas hepáticas. Registrar diariamente los movimientos fetales

- Cada 48 horas:

    - Eco, sedimento, pruebas de coagulacion, proteinograma

- Cada 15 dias:

    - Biometría fetal

Tratamiento farmacológico

Dado que hasta las 34 semanas de gestación la actitud debe ser expectante, se suministraran fármacos hipotensores, corticoides para la maduración pulmonar y tratamiento profiláctico anticonvulsivo según proceda.

Corticoterapia

La betametasona y la dexametasona estimulan la producción de surfactante maduro en el pulmón fetal entre las semanas 24 y 34 de gestación. Tras la semana 34 no ejerce ninguna influencia sobre la maduración pulmonar[11]. El beneficio óptimo comienza a las 24 horas del inicio del tratamiento y dura 7 días. Éste período de tiempo recibe el nombre de *ventana esteroidea*.

Las dosis recomendadas son[12]:

- betametasona 12mg/12 h ó
- dexametasona 10 mg/12 horas durante 48 horas si es preciso madurar el pulmón fetal

Se continuará con metil-prednisolona (40mg/12 horas) si se debe prolongar el tratamiento con corticoides, ya que los corticoides son metabolizados por la placenta y pueden ser peligrosos para el feto.

Diuréticos

Los diuréticos potentes alteran más el riego placentario, porque sus efectos inmediatos consisten en un agotamiento del volumen intravascular, reducido ya si lo comparamos con un embarazo normal. Por tanto aumentan la hemoconcentración materna y tiene efectos adversos sobre madre y feto.[13]

Estará, por tanto, contraindicada su utilización, excepto en casos de edema agudo de pulmón, oliguria marcada o insuficiencia cardiaca.

Hipotensores

A pesar de que el tratamiento definitivo de la preeclampsia es la finalización de la gestación, antes de las 34 semanas, debido a la inmadurez pulmonar, se realizará un tratamiento conservador cuyo objetivo será mantener la tensión arterial sistólica entre 160/110 y la diastólica entre 140/90.[1]Para ello, nos ayudaremos de la utilización de los siguientes agentes hipotensores. Durante su utilización se procederá a realizar RCTG continuo durante el tratamiento inicial y hasta la estabilización del estado.[10]

Los agentes hipotensores empleados son:

Labetalol IV

Inyección lenta, durante 1-2 minutos, de 20 mg. Repetir a los 10 minutos si no se controla la TA, doblando la dosis (20, 40, 80 mg). No sobrepasar los 220 mg. Se prosigue con una perfusión continua a 100 mg/6 horas. Si no se controla la TA, se asociará otro fármaco.

Son contraindicaciones para el uso de labetalol administrado de manera intraveosa: insuficiencia cardíaca congestiva, asma y frecuencia cardíaca materna <60 lpm.

Hidralacina IV

Bolo de 5 mg, que pueden repetirse a los 10 minutos si la TA no se ha controlado. Se sigue con perfusión continua a dosis entre 3-10 mg/hora.

Nifedipino

10 mg por vía oral y repetir en 30 minutos si es preciso. Posteriormente seguir con dosis de 10-20 mg/6-8 horas. Hay que tener precaución con la asociación de sulfato de magnesio. No es recomendable la administración por vía sublingual.

Otros agentes hipotensores

Otros fármacos menos utilizados son el nitroprusiato sódico IV y la nitroglicerina IV.

El Atenolol, los IECAs y los Bloqueantes de los receptores de la Angiotensina están contraindicados.

Profilaxis eclampsia

Varios estudios avalan el tratamiento con sulfato magnésico (SO4MG) de manera profiláctica para prevenir las convulsiones[14-15-16], por lo que nos centraremos en este fármaco.

Su indicación, siempre puntual, estará circunscrita a situaciones clínicas que nos induzcan a pensar en una situación prodrómica de este cuadro clínico, o cuando se haya producido ya una primera crisis convulsiva eclámpsica, antes de que se puedan realizar otras medidas más eficaces.[8]

Además el sulfato de magnesio pasa fácilmente la barrera placentaria pudiendo causar depresión respiratoria en el recién nacido, hiperrreflexia y retrasos en el desarrollo del lactante.[17] Otras complicaciones metabólicas y hematológicas son[12]:

Hipoglucemia   Hipotermia
Hiponatremia
Hipocalcemia   Hipermagnesemia
Poliglobulia
Hiperbilirubinemia   Trombopenia
Neutropenia

Por lo que no se aconseja su administración más allá de 48 horas seguidas[5].

Su mecanismo de acción consiste en disminuir la sensibilidad de la placa motora a los impulsos nerviosos por disminución de la producción de acetilcolina en las uniones neuromusculares.

Las dosis a administrar serán[1-10]:

- Dosis de ataque: 2-4 g IV en 5-10 min.
- Perfusión contínua:1-1,5 g/h IV

Con el objetivo de conseguir concentraciones plasmáticas entre 3,5 y 7 mEq/l. Estas concentraciones son muy efectivas para prevenir las convulsiones, hecho que se pone de manifiesto con la depresión de los reflejos tendinosos profundos. (RTP). Las concentraciones plasmáticas entre 8-10 mEq/l inducen la pérdida de los RTP, que es el primero de los signos de toxicidad. Otros signos precoces son: naúseas, sensación de calor, de plétora, la somnolencia, la visión doble, el habla farfullante y la debilidad.

Las concentraciones plasmáticas por encima de los 13-15 mEq/l pueden producir parálisis respiratoria y las superiores a 20-25 mEq/l, paro cardíaco.[18] Por tanto, la concentración de magnesio debe comprobarse diariamente.

Con el fin de descubrir intoxicaciones por uso de sulfato magnésico, se deben realizar los siguientes controles.

- Reflejo rotuliano
- Frecuencia respiratoria (FR)>14 respiraciones por minuto (rpm)
- Diuresis>25-30 ml/h
- Aconsejable: Spo2

En caso de intoxicación, se administrará: 1g de gluconato al calcico en 3-4 min (10 ml al 10%) [1-10]

La matrona deberá interrumpir perfusión y notificarlo al médico si aparece:

- Abolición o cambios súbitos en los RTP
- Menos de 12 rpm
- Producción de orina menor de 30 ml/ (el magnesio se elimina por la orina y la paciente con afectación renal puede desarrollar toxicidad con más facilidad)
- Caída significativa del pulso o de la TA
- Signos de sufrimiento fetal
- Concentración sérica de magnesio de 8 mEq/l o superior

Vía del parto:

En caso de encontrarse en las 34 semanas de gestación cumplidas, la opción preferible será la vía del parto. En esta situación será preferible parto vaginal frente a la realización de una cesárea.

Se pueden usar prostaglandinas cervicales para maduración.[1] Si se emplea oxitocina, las concentraciones deben valorarse con frecuencia para comprobar hipertonía porque el útero puede ser más sensible a la oxitocina de lo normal.[19]

La anestesia regional será la técnica de elección, ya que disminuye el vasoespasmo y la presión arterial [20] mejorando el flujo uteroplacentario.

La fluidoterapia anteparto consistirá en la administración de solución de cristaloides (fisiológico o Ringer lactato) a un ritmo de 100-125 ml/h. En caso de terapia hipotensora o anestesia epidural, se aconseja la administración adicional de 1000-1500 ml de la misma solución (500 ml/30m). El objetivo es conseguir una diuresis $\geq$ 30 ml/h.[10]

Se utilizan cristaloides porque aumentan la presión coloidosmótica plasmática. Se deben evitar líquidos hipotónicos ya que podrá disminuir la osmolaridad sérica.[9]

Los cuidados que debe realizar la matrona tras el parto serán:

- Control exhaustivo materno
- Estricto de líquidos (80ml/h)
- Spo2 y diuresis horaria
- El tratamiento para la hipertensión arterial se suspenderá tras 48 h de TA normal
- El tratamiento con sulfato de magnesio se prolongará 48 horas más.
- Si cesárea administrar heparina de bajo peso molecular.
- Si hemorragia posparto: oxitocina o prostaglandinas. No ergotamínicos
- Le aseguraremos a la madre que la concentración de magnesio que pasa a la leche materna es incluso inferior a la que se encuentra en las leches de fórmula. [21]

Bibliografía

1. Protocolo SEGO: "trastornos hipertensivos del embarazo". Prog Obstet Ginecol. 2007; 50(7):446-55.

2. García-Marqués E, Iniesta S, Marbán E, Martínez-Lara A, Orensanz I, Zapardiel ISección II. Urgencias del segundo y tercer trimestre. En: Zarpadiel Gutierrez I; De la Fuente Valero J, Bajo Arenas J. M. Guía práctica de urgencias en obstetricia y ginecología. Madrid, 2008

3. Henriksen T. Complications of high risk pregnancies and their treatment. Scan J Rheumatol 1998; 27(supl 107): 86-91.

4. Lu JF, Niightingale CH. Magnesium sulfate in eclampsia and preeclampsia. Clin Pharmacokinet 2000 (abril); 38(4): 305-314.

5. Cunningham FG, MacDonald PC y cols. Williams Obstetricia.Trastornos hipertensivos del embarazo (20ª ed.). Buenos Aires: Panamericana 1998; 667-693.

6. Walker JJ. Preeclampsia. Lancet 2000; 356: 1.260-1.265. Lu JF, Niightingale CH. Magnesium sulfate in eclampsia and preeclampsia. Clin Pharmacokinet 2000 (abril); 38(4): 305-314.

7. Chapters: Abnormalities in pregnancy. Section: Gynecologist and obstetrics. The Merck manual for health care professionals. 2010-2011 Merck Sharp & Dohme Corp., a subsidiary of Merck & Co., Inc., Whitehouse Station, N.J., U.S.A.. Documento electrónico disponible en: http://www.merckmanuals.com/professional/print/gy necology and obstetrics/abnormalities of pregnan cy/preeclampsia and eclampsia.html

8. Cunningham FG, Leveno K J, Bloom S L, Hauth J C, Gilstrap L, Wenstrom K D. Williams Obstetricia. Cap 34: Trastornos hipertensivos del embarazo (22.ª ed.). Obstetricia de Williams 22ª edición. México: Mc Graw-Hill Interamericana Editores; 2005.

9. Elisabeth SteppGilbert,Judith Smith Harmon. Enfermedades por hipertensión arterial. En: Manual de embarazo y parto de alto riesgo. Madrid: Ed. Mosby. 2003. p481-528

10. Sánchez Iglesias JL, Izquierdo Gonzalez F, Llurba E. Capítulo 63: PREVENCIÓN Y TRATAMIENTO DE LOS EHE. P 525-531 En:Bajo arenas JM, Melchor Marcos JC, Mercé LT. Fundamentos de Obstetricia (SEGO) 1ra Ed. Madrid: Grupo ENE Publicidad, S.A; 2007.p. 525-531.

11. Odendaal H: Severe preeclampsia and eclampsia. In Sabai B: Hypertensive disorders in Women, Philadelpjia, 2001, WB Saunders.

12. V. Cararach Ramoneda y F. Botet Mussons. Preeclampsia. Eclampsia y síndrome HELLP. Protocolos Diagnóstico Terapeúticos de la AEP: Neonatología. P 139-144. Documento elctrónico disponible en:

http://www.aeped.es/sites/default/files/documentos/16_1.pdf

13. Zondervan HA, Oosting J, Smorenberg-Schoorl ME, et al: Maternal whole blood viscosity in pregnancy hypertension. Gynecol Obstet Invest 25:83, 1988

14. Burrows RF, Burrows EA: The feasibility of a control populition for a randomized control trial of seizure prophylaxis in the hypertensive disorders of pregnancy. Am J Obstet gynecol 173-929, 1995

15. Hall DR, Odendaal HJ, Smith M: is the prophylactis administration of magnesium sulphate in women with the pre-eclampsia indicated prior labour? Br J Obstet Gynecol 107; 903, 2000a

16. Coetzee EJ, Dommisse J, Anthony J: A randomized controlled trial of intravenous magnesium sulfate versus placebo in the management of women with severe preeclampsia. Br J Obstet Gynaecol 105: 300, 1998.

17. Duley and others: Anticonvulsants for women with pre-eclampsia (Cochrane Review). In the Cochrane Library, Issue 2, Oxford, 2001, Update Software.

18. Heppard M, Garite T. Acute obstetrics: a practical guide. St Louis: Mosby, 1996.

19. Cunningham F, MacDonald P, Gant N: Williams obstetrics, ed 20, Norwalk, Conn 1997, Appleton & Lange.

20. Gutsche BB, CheeK TG: Anesthesia considerations in preeclampsia ecalmpsia. In Schnider SM, Levinson G (eds): Anesthesia for obstetrics, 3rd ed. Baltimore, Williams & Wilkins, 1993, p 321.

21. Lawrence R: Breastfeeding: a guide for the medical profession, ed 5, St Louis, 1999, Mosby.

Capitulo 8

Actuación de la matrona ante la eclampsia

Concepto

La eclampsia se define como el desarrollo de convulsiones en pacientes con signos y síntomas de preeclampsia, cuando las convulsiones no se explican por otras causas. La incidencia de preeclampsia es menor del 1% y varía con la gravedad de la enfermedad y con el tratamiento que se esté administrando.[1.]

Aproximadamente el 50% de los casos se desarrollan antes del parto, el 25% durante el parto y el 25% restante en el postparto.[2]

La causa de las convulsiones en la eclampsia todavía no se ha establecido, pero parece que se relaciona con dos vías patológicas. Como causa principal, parece ser consecuencia del vasoespasmo cerebral grave. También se relaciona con la encefalopatía hipertensiva.[3-4] La eclampsia se asocia con un aumento significativo de la presión cerebral, que no se ve compensado con un aumento de la resistencia cerebrovascular que sí ocurre en la preeclampsia grave, sino, por el contrario, con un descenso significativo de la resistencia cerebrovascular. La pérdida de autorregulación origina una sobreperfusión cerebral.

Intervenciones de la matrona en la eclampsia

Prevenir las convulsiones[5]:

- Valorar la presencia de signos de eclampsia inminente, como dolor epigástrico o en hipocondrio derecho, nauseas y vómitos, cefalea, ictericia y hematuria.

- Tomar precauciones por si la paciente tuviera convulsiones: preparar oxígeno, aspirador, guedel y protecciones laterales en la cama.

- Limitar las visitas, excepto los familiares.

Durante las convulsiones[6-7]:

- Ingreso inmediato si la paciente no se encuentra hospitalizada.

- Canalizar un acceso venoso.

- Asegurar vía aérea permeable

- Aspiración secreciones

- O2 a 6 lpm con mascarilla venturi al 30%

- Una vez estabilizada se extraerá sangre arterial para comprobar el equilibrio ácido-básico y gases arteriales.

- Radiografía de tórax para descartar aspiración

Tras la convulsión

- Valorar el estado de la vía aérea y la necesidad de aspiración. Mantener una oxigenación adecuada administrando oxígeno con mascarilla a 10 lpm.

- Colocar una vía venosa lo antes posible si no se ha podido realizar durante la convulsión. Controlar la administración de líquidos con bomba de infusión.

- Valorar la presión arterial, el pulso y las respiraciones cada 5 minutos hasta que la paciente esté estable. Auscultar para descartar una aspiración.

- Asegurar la oxigenación fetal tras la convulsión. Valorar de forma continuada la frecuencia cardíaca fetal mediante un monitor porque la acidosis y la hipoxia de una convulsión pueden producir sufrimiento fetal. Cambiar la posición materna de decúbito lateral izquierdo a decúbito lateral derecho cada 30 minutos para aumentar el flujo sanguíneo uterino y renal.

- Procurar que el ambiente sea tranquilo.

- Valorar a intervalos frecuentes las contracciones uterinas, ya que es frecuente que una convulsión estimule el parto.

- Descartar la presencia de un desprendimiento de placenta, que se produce en el 26% de pacientes con eclampsia.[8]

- Valorar la presencia de signos de síndrome HELLP y de CID. En pacientes con eclampsia la frecuencia es más elevada.[9]

- El entorno debe ser lo más tranquilo posible durante todo el proceso asistencial, se deben evitar luces brillantes o cualquier otro estímulo sobre el sistema nervioso central.

Consideraciones posparto

- Recordar que el 30% de los casos de eclampsia se desarrollan en el posparto.[10]

- Tener presente que aunque el riesgo de experimentar nuevamente un episodio eclampsico en el siguiente embarazo es del 2,1%, el 25%

experimenta algún tipo de preeclampsia; sin embargo, la mayoría de los casos son moderados.[11]

- El riesgo de desarrollar hipertensión crónica en etapas posteriores de la vida es del 24%.[12] Por lo que la matrona debe plantear cambios en el estilo de vida para prevenirla.

Tratamiento

Anti-convulsionante: Sulfato magnésico

Las dosis a administrar serán[6-7]

- Dosis ataque: 4g IV (en lugar de 2 como vimos en la administración profiláctica)

- Mantenimiento:2g/h perfusión continua(en lugar de 1-1,5)

- Recurrencia convulsiones: bolo 2g o aumentar ritmo infusión continua

Como comentamos en el capítulo anterior, concentraciones plasmáticas superiores a 8 mEq/l provocan toxicidad. El primer signo que nos alerta de ésta toxicidad será la pérdida de los RTP. Por tanto, tal y como vimos para la administración profiláctica de sulfato de magnesio, la concentración de magnesio debe comprobarse diariamente.

Controles diarios[6-7]
Reflejos rotulianos
Frecuencia respiratoria (FR) >14 respiraciones por minuto
Diuresis horaria >25-30 ml/h
Magnesemia

Se deberá notificar al médico cualquier alteración de los parámetros observados, suspender la administración y proceder a administrar el antídoto: 1g de gluconato al calcico en 3-4 min (10 ml al 10%)

Fluidoterápia

Se debe realizar monitorización estricta de entradas y salidas. Debemos tener en cuenta que puede aparecer edema pulmonar por aporte de líquidos y por movilización del líquido acumulado hacia el espacio intravascular.

Se debe administrar 500 ml de suero fisiológico o ringer lactato antes de anestesia regional o del inicio del tratamiento hipotensor.

Se mantendrá una perfusión de 85-100ml/h.

Tratamiento hipotensor

Las pautas serán las mismas que para la preeclampsia grave.

Finalización embarazo:

El tratamiento definitivo es la finalización del embarazo. En éste caso y, a diferencia de la preeclampsia grave, se realizará con urgencia, 1º 48h post-convulsión, tras estabilización hemodinámica.[6-7]

Bibliografía

1. Walker JJ. Hypertensive drugs in pregnancy. Antihypertension therapy in pregnancy, preeclampsia, and eclampsia. Clin Perinatol 1991;18:845-73

2. Sibai BM. Pre-eclampsia-eclampsia. Current problems in obstetrics.Gynecol Fertil 1990;13:3-45.

3. Belfort MA, Anthony J, Saade GR. Prevention of eclampsia. Semin Perinatol 1999;23:65-78.

4. Williams KP, Wilson S. Persistente of cerebral hemodynamic changes in patients with eclampsia: A report of three cases. Am J Obstet Gynecol 1999; 181:1162-5.

5. SteppGilbert E, Smith Harmon J. Enfermedades por hipertensión arterial. En: Manual de embarazo y parto de alto riesgo. Madrid: Ed. Mosby. 2003. p481-528

6. Protocolo SEGO: "trastornos hipertensivos del embarazo". Prog Obstet Ginecol. 2007; 50(7):446-55.

7. Sánchez Iglesias JL, Izquierdo Gonzalez F, Llurba E. Capítulo 63: PREVENCIÓN Y TRATAMIENTO DE LOS EHE. P 525-531 En:Bajo arenas JM, Melchor Marcos JC, Mercé LT. Fundamentos de Obstetricia (SEGO) 1ra Ed. Madrid: Grupo ENE Publicidad, S.A; 2007.p. 525-531

8. Sibai B: Hypertension in pregnancy. In Gabbe S, Niebyl J, Simpson J: Obstetrics: normal and problema pregnancies, ed 3, New York, 1996[a], Churchill Livingstone.

9. Miles J and others: Postpartum eclampsia: a recurring perinatal dilemma, Obstet Gynecol 76:328, 1990.

10. Friedman S and others: Mild gestational hypertension and preeclampsia. In Sabai B: Hypertensive disorders in women, Philadelphia, 2001, WB Saunders.

11. Egerman R, Sibai B: Preconception counseling for women with a history of a hypertensive disorders. In Sabai B: Hypertensive disorders in women, Philadelphia, 2001, WB Saunders.

12. Witlin A: Counseling for women with preeclampsia and eclampsia, Semin Perinatol 23:91, 1999

Capitulo 9

Actuación de la matrona ante el síndrome HELLP

Se desarrolla en el   5% de las mujeres con preclampsia y constituye la forma más grave de esta enfermedad.

El cuadro clínico está formado por hemólisis de los hematíes, elevación de las enzimas hepáticas y disminución del número de plaquetas.[1-2-3]

El mecanismo fisiopatológico por el que se produce esta cascada de acontecimientos es la lesión de las células endoteliales de los capilares sistémicos, que dejan al descubierto la membrana basal que activa las plaquetas y favorece el depósito de fibrina. La activación de plaquetas tiene como resultado la liberación de más tromboxano, y la lesiónendotelial lleva a una ulterior reducción en la producción de prostaglandina, cerrando un círculo vicioso.[4-5]

Puede aparecer hiperbilirrubinemia (ictericia) como resultado de la destrucción de los hematíes. Al mismo tiempo, la lesión endotelial y el depósito de fibrina en el hígado pueden afectar el funcionamiento hepático y provocar necrosis hemorrágica, traducido en dolor en el hipocondrio derecho o epigastrio, nauseas y vómitos.[6]Cuando se produce necrosis del hígado, aumenta la concentración de enzimas hepáticas. En algunos casos, puede desarrollarse un hematoma subescapular hepático. En aproximadamente el 15 % de las pacientes la presión arterial es normal.[7]

Tratamiento

Una vez se establece el diagnóstico de síndrome de HELLP se debe considerar la finalización de la gestación debido a la rápida progresión del cuadro y el grave deterioro de la condición materna.

La actitud a seguir vendrá determinada por la edad gestacional. Así, en un embarazo por encima de las 34 semanas de gestación se procederá a su finalización, mientras que por debajo de ésta edad gestacional dependerá de la existencia de otras complicaciones como disfunción multiorgánica, coagulación intravascular diseminada, infarto o hemorragia hepática, insuficiencia renal, sospecha de desprendimiento de placenta o sospecha de pérdida del bienestar fetal.[8] En tales situaciones, el tratamiento debe ser el de estabilizar a la paciente y la finalización de la gestación, ya que aunque se consiga una estabilización rápida con las medidas citadas, siempre se produce una nueva descompensación antes de los 7-10 días.[9]

La estabilización de la paciente se consigue mediante antihipertensivos, sulfato de magnesio, transfusión de derivados de plaquetas, hematíes o plasma fresco o congelado si así lo requiere. También se ha comprobado el efecto beneficioso de los corticoides a altas dosis, siguiendo las siguientes pautas:

- Dexamentasona 10 mg/12 horas ó

- Betametasona 12 mg/12 horasdurante 72 horas que mejoran los parámetros bioqímicos, hepáticos, pudiendo incluso normalizarlos, por lo que algunos autores recomiendan su administración para beneficio materno y fetal y no únicamente como medio para la maduración fetal antes de las 34 semanas de gestación.

La finalización del embarazo se realizará mediante parto o cesárea dependiendo de las condiciones de cada caso concreto.[8] Se ha de tener en cuenta que en un parto vaginal el sangrado es menor. Previa al parto se deben compensar los trastornos hemostáticos mediante la administración de plasma fresco o congelado.[9]

Actuación de la matrona en la administración de sangre y hemoderivados[10]

Previamente a su administración, la matrona:

- Revisará las órdenes médicas para confirmar la prescripción de la transfusión y si precisa, administración de premedicación.

- Solicitará al Banco de Sangre el hemoderivado en el momento previo a su administración.

- Verificará que el hemoderivado recibido es el producto solicitado a Banco de Sangre y los datos impresos en él coinciden con los datos del paciente y la hoja de solicitud.

- Observará el estado del hemoderivado (integridad de la bolsa, color, inexistencia de coágulos). En caso de alguna anomalía devolver al banco de sangre.

Posteriormente procederemos a conectar el sistema suministrado por Banco de Sangre al hemoderivado y purgarlo. Se debe lavar el acceso venoso que se va a utilizar con suero fisiológico si se ha administrado algún fármaco previamente. La administración se iniciará lentamente (de 2 a 5 ml./h) la perfusión los primeros 10-15 minutos observando al paciente para detectar precozmente signos o síntomas de reacción transfusional. Adecuaremos el ritmo de infusión, según el derivado a transfundir y las características del paciente. Realizaremos una estrecha vigilancia para observar regularmente la aparición de posibles reacciones adversas ante la transfusión.

Una vez finalizada la transfusión:

- comprobar el estado del paciente, tomar los signos vitales y retirar la bolsa y el sistema.

- Lavar el acceso venoso con suero fisiológico.

Observaciones

- Los hemoderivados no deben estar fuera de Banco de Sangre más de tres horas. En caso de no transfundirlo, devolverlo al mismo inmediatamente.

- No almacenar ningún componente sanguíneo fuera del Banco de Sangre. Solicitar las unidades de una en una excepto en situaciones de extrema urgencia.

- Transfundir los hemoderivados lo antes posible desde su entrega en Banco de Sangre. NO utilizar ningún método de calentamiento (agua caliente, microondas, etc) excepto los recomendados por la normativa. En cualquier caso la temperatura de la sangre no debe superar los 37°, ya que podría provocar hemólisis de la misma.

- Nunca administrar simultáneamente medicación o soluciones a través de la misma luz del catéter por el que está pasando el hemoderivado.

- La única solución compatible con el concentrado de hematíes es el suero salino al 0'9%.

- Todas las transfusiones deben realizarse a través del sistema suministrado por Banco de Sangre.

Tiempos orientativos de infusión:

Concentrado de hematíes: Se recomienda que el tiempo de infusión de una unidad no sea menor de 90 minutos ni mayor de 4 horas.

Plasma fresco congelado: Una vez descongelado administrar lo antes posible. Perfundir entre 30 y 60 minutos.

Concentrado de plaquetas: Usar filtro específico para plaquetas

Transfundir inmediatamente a su recepción. Perfundir entre 15 y 30 minutos.

En caso de reacción transfusional la matrona debe actuar con urgencia siguiendo los siguientes pasos:

- Suspender la transfusión retirando bolsa y sistema y NO TIRAR.

- Mantener acceso venoso con solución salina 0'9%.

- Avisar al médico responsable.

- Medir signos vitales y Diuresis si precisa.

- Volver a comprobar todos los registros del proceso: coincidencia de etiquetas e identificaciones del producto transfundido y del paciente.

- Comunicar inmediatamente la sospecha de reacción transfusional al Banco de Sangre y seguir sus instrucciones.

- No reanudar la transfusión sin la autorización del médico responsable del paciente.

Pronóstico

Mantener a la paciente tras el parto estrictamente vigilada, ya que aumenta el riesgo de presentar una eclampsia y no se recupera la cifre normal de plaquetas hasta pasadas 48 horas del parto o cesárea. Además estas pacientes pueden presentar con más frecuencia patología pulmonar, especialmente edema agudo de pulmón, CID, insuficiencia renal aguda.[9]

La recurrencia de este síndrome en embarazos posteriores es de un 3,5%, por lo que debemos tranquilar a la paciente explicándole que no se contraindica un embarazo posterior.[11]

Bibliografía

1. Martin J and others: the natural history of HELLP Syndrome: patternsof disease progression and regression, Am J Obstet Gynecol 76:328, 1990

2. Sibai B and others: Maternal morbidity and mortality in 442 pregnancies with hemolysis, elevated liver enzymes, and low platelets (HELLP syndrome), Am J Obstet Gynecol 169:1000, 1993a.

3. Weinstein L: Preeclampsia/eclampsia with hemolysis, elevated liver enzymes, and thrombocytopenia, Obstet Gynecol 66:657, 1985

4. Barton J, Sibai B: HELLP Syndrome. In Sabai B: Hypertensive disorders in women, Philadelphia, 2001, WB Saunders.

5. Walsh S: Physiology of low dose aspirin therapy for the prevention of preeclampsia, Semin Perinatol 14(2):152, 1990

6. Phelan J, easter T: HELLP Syndrome: the great masquerader, Female Patient 15(2):79, 1990

7. Dilly O and others: Management of pre-eclampsia and hemolysis, elevated liver enzymes, and low platelets Syndrome, Curr Opin Obstet Gynecol 11: 149, 1999

8. Sánchez Iglesias JL, Cabero Roura L. SÍNDROME DE HELLP. P 533-536 En: Bajo arenas JM, Melchor Marcos JC, Mercé LT. Fundamentos de Obstetricia (SEGO) 1ra Ed. Madrid: Grupo ENE Publicidad, S.A; 2007.p. 533-536

9. Lailla Vicens JM. Estados hipertensivos del embarazo. En: Gonzalez-Merlo J, Lailla Vicens JM, Fabre Gonzalez E, Gonzalez Bosquet. Obstetricia. 5ª Ed. Barcelona. Editorial Masson SA; 2006. P 499-511.

10. Transfusión de sangre y hemoderivados.Código PD-GEN 98. Documentación de enfermería. Hospital General Universitario Gregorio Marañón. Documento electrónico disponible en:

http://www.madrid.org/cs/Satellite?blobcol=urldata& blobheader=application%2Fpdf&blobheadername1 =Content-disposition&blobheadername2=cadena&blobheade rvalue1=filename%3DTransfusiones+de+sangre+y +hemoderivados.pdf&blobheadervalue2=language %3Des%26site%3DHospitalGregorioMaranon&blob key=id&blobtable=MungoBlobs&blobwhere=12716 85144930&ssbinary=true

11. Sibai BM, Ramadan MK, Cari RS, Friedman SA. Pregnancies complicated by HELLP síndrome: Subsequent pregnancy outcame and long-term prognosis. Am J Obstet Gynecol 1995; 172:125-9

Capitulo 10

Actuación de la matrona ante la HTA crónica

Concepto y clasificación

La hipertensión crónica se produce en un 4-5% de todos los embarazos, y en el 21% de éstas mujeres se sobrepone una preeclampsia.[1]

Se define como una hipertensión presente antes del inicio del embarazo o que se diagnostica antes de la semana 20 de gestación. La hipertensión diagnosticada después de la semana 20, pero que persiste a las 12 semanas tras el parto, se clasifica también como hipertensión crónica.[2]

La importancia de la captación precoz y control del embarazo en la mujer hipertensa reside en que esta enfermedad constituye una de las principales causas de muerte materna y fetal, crecimiento intrauterino retardado, abruptio placentae y sufrimiento fetal agudo.[3]

La HTA crónica en el embarazo se clasifica como riesgo II o riesgo elevado, por lo que el control sanitario del embarazo debería realizarse por un Servicio de Alto Riesgo de Obstetricia o Tercer Nivel desde el inicio del mismo.[4]

Consulta preconcepcional.

La consulta preconcepcional debe formar parte de la asistencia prenatal de todas las mujeres, independientemente de su estado de salud[5], pero en el caso concreto de la gestante hipertensa se puede ver muy beneficiada por los cuidados y recomendaciones impartidos por su matrona. Esta visita preconcepcional debería realizarse en el año que precede al comienzo del embarazo.[6]

Durante la visita preconcepcional, la matrona puede hablarle a la gestante sobre cambios en el estilo de vida[7]:

- Medidas dietéticas: Como una dieta adecuada en magnesio, potasio, calcio y limitar la ingesta de sodio a 2, 4 gramos de sodio al día.

- Ejercicio aeróbico hasta quedar embarazada y dejarlo posteriormente

- Abstención de tabaco y alcohol

- En caso de sobrepeso pérdida de peso antes de quedar embarazada

Además debe aconsejarse sobre el riesgo de embarazo asociado a hipertensión; ya que con una hipertensión crónica moderada, el 10% de las mujeres desarrollan una hipertensión sobreimpuesta.[8] El 90% restante desarrollan un embarazo normal.

Consulta prenatal

Dado que se pueden diferenciar tres estadíos de esta enfermedad[9], las acciones a seguir serán diferentes en cada caso.

Estadío	Lectura TA
1	Sístólica 140-159 o diastólica 90-99
2	Sístólica 160-179 o diastólica 100-109
3	Sístólica 180 o > o diastólica 110 o >

Para los dos primeros estadíos, y sin que exista otra complicación asociada, recomendaremos el reposo periódico en cama durante 45 minutos a mitad de la jornada y de 1 hora antes de la cena, con la finalidad de promover el flujo uterino.

En el estadío 3 se utiliza medicación hipotensora. Los fármacos recomendados por la SEGO (Sociedad Española de Ginecología y obstetricia) son[2]:

• Alfametildopa por vía oral: 250 mg/8-12 h, aumentando hasta 500 mg/6 h si fuera preciso. Esperar la respuesta a partir del segundo día.

• Labetalol: 50-600 mg/6 h por vía oral.

• Hidralacina: 10-50 mg/6 h por vía oral. Puede asociarse a cualquiera de las medicaciones anteriores.

• Nifedipino: 10-20 mg/6-8 h por vía oral.

• No se recomienda el uso de atenolol, IECA o bloqueadores de los receptores de la angiotensina.

La necesidad de aumentar las dosis de hipotensores administrados previamente debe hacernos sospechar el desarrollo de una preeclampsia sobreañadida.

Educación:

Comprobar la adhesión al tratamiento antihipertensivo. Explicarle a la gestante la importancia del tratamiento.

Valorar las capacidades de la gestante para elaborar una dieta equilibrada. Facilitarle pautas de alimentación.

La gestante debe conocer los signos de una crisis hipertensiva y donde debe acudir en caso de presentar alguno de estos síntomas.

Signos de una crisis hipertensiva
Cefalea
Epistaxis
Dolor torácico
Disnea
Mareos
Agitación psicomotriz
Déficit neurológico
Vértigo
Parestesias
Vómitos
Arritmias

Controles[2]:

• Vigilancia semanal de la PA.

• Proteinuria cualitativa semanal a partir de la semana 20.

Finalización de la gestación

La gestación finalizará a término individualizando en cada caso la vía.

Postparto

Si la mujer desea amamantar debe plantearse la retirada de todo tipo de hipotensores si la hipertensión se encuentra en estadíos 1 y 2., ya que estos fármacos se eliminan también por la leche y se desconoce su efecto sobre el lactante Además debe saber que los diuréticos pueden tener un efecto negativo sobre la producción de leche.[7]

Una mujer con hipertensión puede accedesr a cualquier tipo de medida anticnceptiva siempre que pueda garantizarse su seguimiento y control.[10]

Bibliografía

1. Zuspan F: Chronic Hypertension. In Queenan J, Hobbins J: Protocols for high-risk pregnancies, ed 3, Cambridge, Engl, 1999, Blackwell Science.

2. Protocolo SEGO: "trastornos hipertensivos del embarazo". Prog Obstet Ginecol. 2007; 50(7):446-55.

3. López-Gutiérrez P, García-Hernández JA. CONCEPTO DE RIESGO ELEVADO Y SU DETECCIÓN. En: Bajo arenas JM, Melchor Marcos JC, Mercé LT. Fundamentos de Obstetricia (SEGO) 1ra Ed. Madrid: Grupo ENE Publicidad, S.A; 2007. paginas:235-239

4. Programa control de gestación. Proceso asistencial integrado: embarazo, parto y puerperio. 2ª ed. Sevilla. Consejería de Salud de la Junta de Andalucía.2005.

5. Institute for Clinical Systems Improvement (ICSI). Supporting evidence: Routine Prenatal care. Twelfth edition. Sep 2008. www.icsi.org.

6. Control prenatal del embarazo normal. Protocolos asistenciales en obstetricia. SEGO. Protocolo actualizado en Julio de 2010.

7. SteppGilbert E, Smith Harmon J. Enfermedades por hipertensión arterial. En: Manual de embarazo y parto de alto riesgo. Madrid: Ed. Mosby. 2003. p481-528

8. Egerman R, Sibai B: Preconception counseling for women with a history of hypertensive disorders. In Sabai B: Hypertensive disorders in women, Philadelphia, 2001, WB Saunders.

9. Joint National Committee (JNC) VI: Prevention, detection, evaluation, and treatment of high blood pressure, Arch Intern Med 157:2413, 1997; NIH Publication No. 98-4080

10. Repke J: Contraception on the woman with hypertension. In Sabai B: Hypertension disorders in women, Philadelphia, 2001, WB Saunders.

www.ingramcontent.com/pod-product-compliance
Lightning Source LLC
Chambersburg PA
CBHW022106170526
45157CB00004B/1501